馆长爸爸和小达尔文科学探险队

尹五朵，科学探险队年龄最小的队员，陶旦的表妹，时常会问一些可爱的问题，特别羡慕馆长爸爸的科研工作，希望自己长大了也能揭开化石的神秘面纱。

俞果，科学探险队核心成员，全队的智慧担当，不过有时候会迷信书本上的知识。

馆长，睿智博学的古动物馆馆长，醉心于科研，经常带领小科学探险队去野外考察，科学探险队队员都亲切地喊他"馆长爸爸"。

王可儿，科学探险队里最受欢迎的知心姐姐，懂得照顾他人，学习也很细致用心。

呼噜噜，馆长家的猫，好奇心重，常常会闯下让人哭笑不得的祸。

陶旦，科学探险队的搞笑担当，淘气的乐天派，对俞果自认为老大的做法深不以为意，拥有莫名其妙的好运气。

中国古动物馆
儿童百科绘本

不可思议的远古生物

追寻中国恐龙

葛旭 著　初冬伊 绘

 广西科学技术出版社

图书在版编目（CIP）数据

追寻中国恐龙 / 葛旭著；初冬伊绘. —南宁：广西科学技术出版社， 2020.8
（不可思议的远古生物）
ISBN 978-7-5551-1303-4

Ⅰ.①追… Ⅱ.①葛… ②初… Ⅲ.①恐龙—儿童读物 Ⅳ.①Q915.864-49

中国版本图书馆CIP数据核字（2020）第117210号

ZHUIXUN ZHONGGUO KONGLONG

追寻中国恐龙

葛旭　著　　初冬伊　绘

策划编辑：蒋　伟　王滟明　邓　颖　　　责任编辑：蒋　伟
责任审读：张桂宜　　　　　　　　　　　责任校对：张思雯
责任印制：高定军　　　　　　　　　　　营销编辑：芦　岩　曹红宝
书籍装帧：于　是　　　　　　　　　　　内文排版：孙晓波
封面设计：嫁衣工舍

出　版　人：卢培钊　　　　　　　　　　出版发行：广西科学技术出版社
社　　　址：广西南宁市东葛路66号　　　邮政编码：530023
电　　　话：010-58263266-804（北京）　0771-5845660（南宁）
传　　　真：0771-5878485（南宁）
网　　　址：http://www.ygxm.cn　　　　在线阅读：http://www.ygxm.cn
经　　　销：全国各地新华书店
印　　　刷：北京尚唐印刷包装有限公司　邮政编码：101399
地　　　址：北京市顺义区牛栏山镇腾仁路11号
开　　　本：889mm×1194mm　1/12
印　　　张：5　　　　　　　　　　　　字　　数：30千字
版　　　次：2020年8月第1版　　　　　印　　次：2020年8月第1次印刷
书　　　号：ISBN 978-7-5551-1303-4
定　　　价：88.00元

科学顾问

徐 星 | 中国科学院古脊椎与古人类研究所副所长、研究员、博士生导师。主要从事中生代爬行动物化石及地层学研究。多年来在中国以及阿根廷和加拿大等国数十个中生代化石点进行过野外勘查和发掘工作。

王 原 | 中国古动物馆馆长，中国科学院古脊椎动物与古人类研究所研究员，博士生导师。主要从事古两栖爬行动物研究与地质古生物学科普工作，曾获国家自然科学奖、全国创新争先奖、中国科学院杰出科技成就奖和多项国家级图书奖励。著有《中国古脊椎动物志》（两栖类）、《热河生物群》《征程：从鱼到人的生命之旅》等。

廖俊棋 | 中国科学院古脊椎动物与古人类研究所博士生，本科期间主修日文，在日本留学期间以经济、文化人类学为主，并接触古生物相关课程。目前在美国耶鲁大学学习，研究方向为恐龙类的形态演化、骨组织学和系统发育分析。

追寻了不起的生命

生命是大自然中最为神奇的存在。躯体不过是由常见的物质组成的，却有知觉、能行动，沧海桑田，经历着悲欢离合。个体在历史中转瞬即逝，生命却能在漫长的时光中延绵不绝。生命的功能数之不尽，却日用而不知。几乎每一个小朋友都问过这样的问题：我从哪里来？这似乎是我们对生命最初的直觉。

生命从哪里来？人们思索了上千年，时至今日，这个谜题仍然无法被破解。从开天辟地、抟土造人的神话传说，到达尔文的《物种起源》，再到现代的遗传学、分子生物学、基因技术等，人们做出了种种探索，可我们所做的仍然不过是在一步步的回溯中逐渐接近那个终极谜题的答案。

追溯生命的起源与过程，最好的依据无疑是化石。中国古动物馆收藏着许多世界罕见的化石，吸引着全球各地的学者前来观察、研究。世界上的第一条鱼海口鱼，亚洲最大的恐龙马门溪龙，被写进小学语文课本的黄河象以及带羽毛的恐龙，十分珍贵罕见的活化石拉蒂迈鱼……许多摆在角落的小化石，背后是足以书写一本厚厚著作的生命故事。

提到史前生物，孩子们首先想到的往往是霸王龙、侏罗纪公园。很少有人能第一时间想到中国是发现恐龙化石种类最多的国家，也很少能想到澄江生物群为研究古生物和地质学上的一大"悬案"——寒武纪生命大爆发提供了多少宝贵的资料。

这种状况与国外在科普方面投入的精力不无相关，相关的作品层出不穷，使公众产生了优秀的科研成果集中在国外的感觉。事实上，中国地大物博，境内史前生物的物种丰富程度在世界上首屈一指，在研究古生物方面拥有得天独厚的优势。再加上专业人才越来越多，国内关于古生物的研究成果在世界上往往会引起轰动。早在 30 多年前，张弥曼院士对杨氏鱼的研究就改变了国际上对四足动物起源的看法；今天，中国的一流研究队伍依然经常在世界顶级的学术刊物上发表诸多前沿成果。可惜由于国内在大众科普传播方面仍然有所欠缺，这些专业的成果并没有为人所熟知。这种感觉，如同坐拥宝山而两手空空，不免令人扼腕叹息。

恰在此时，广西科学技术出版社联合中国古动物馆，推出了一套关于中国史前动物演化的少儿科普绘本《不可思议的远古生物》丛书。这套绘制精美、知识扎实的科学绘本依托收藏国内宝贵化石的中国古动物馆和中国科学院古脊椎动物与古人类研究所的一流专家，从中国独有的古鱼、海生爬行动物、恐龙、古鸟、史前哺乳动物的演化历程入手，在每个类别中精心挑选了15—18种最有代表性的动物，以馆长与5名性格各异的小伙伴（其中还有一只闯祸精小猫）的冒险经历为线索，将生命起源与演化的故事娓娓道来，同时介绍生命演化中跨世纪的大事件，为青少年读者展示一个又一个波澜壮阔的生命故事。

在海中漫游的"世界第一鱼"海口鱼；踏上陆地的"冒险家"提克塔利克鱼；放弃浅海、在暗无天日的深海中偏安一隅，却因此逃过了灭绝命运的拉蒂迈鱼；从陆地回归海洋的鱼龙；冲上天空的翼龙与孔子鸟……这些曾经在地球上奋力挣扎生存的生命，有些只留下了些微印痕，有些到现在还在我们的血脉中延续。这些生命留下的痕迹你都可以在中国古动物馆中亲眼看到。相信看过这些故事之后，冰冷的化石在小朋友的心中必将鲜活起来。

这套文字优美的手绘科普书虽不是皇皇巨著，但它背后的专家队伍比起那些大部头却不遑多让。来自中国古动物馆的馆长王原、副馆长张平等，都有着多年的科研科普与野外考察经历，他们在繁忙的工作中，将多年来的深厚积淀都凝聚到了这套专为中国儿童写作的科普书中。而来自中国科学院古脊椎动物与古人类研究所的朱敏研究员等，都是国际上赫赫有名的古鱼类研究专家，他们对保证这套书的知识正确、故事流畅提供了极大的帮助，将学术论文中艰深晦涩的名词，翻译成了孩子可以看懂的故事与对话。

《不可思议的远古生物》绘本丛书的内容、文字、画面都追求尽善尽美，我相信，在给孩子们讲解中国古动物演化史的所有书籍中，这套书将因其丰富、权威、有趣而赢得孩子们的认可，并帮助孩子们重新理解生命和科学。

周忠和

中国科学院院士
国际古生物协会主席

写给对古动物好奇的小朋友

中国古动物馆是一座非常受小朋友欢迎的博物馆。每到周末和假期，展厅里总是挤满了好奇求知的孩子。1998 年，博物馆针对儿童和青少年创办了"小达尔文俱乐部"，组织的各种科普活动也最受孩子们的欢迎。作为中国古生物学会的科普教育基地，我们已经组织撰写了多部面向大众的介绍博物馆藏品和古生物研究成果的图书，但始终没有一部专门送给小朋友们的科普书，这不能不说是一个遗憾。

《不可思议的远古生物》绘本丛书的出版弥补了我们这个缺憾。尽管馆里经常组织各种有趣又长知识的科普活动，但我始终认为，书籍的作用无可替代。为了使写给孩子们的首套科普绘本尽善尽美，我们尽可能调动馆里可用的资源，并安排众多同仁加入绘本的创作中；在知识点的取舍上，我们反复推敲，并努力将国内外古生物学最新的研究成果浓缩进来；在绘本故事的创作上，馆中的年轻同仁们从小读者角度出发，提供了无限的创意；出版社的各位编辑老师的细致工作也让这本书能够以较高的质量出版；我们还邀请中国科学院古脊椎动物与古人类研究所的专家同仁一次次地审读，作为我们最坚强的学术后盾。在此，我对所有的创作参与者和支持者表示衷心的感谢！

脊椎动物的演化是一件神奇的事情。在 5 亿多年的时光中，各种不可思议的动物登上历史的舞台。它们演化出的器官和组织有些已经湮灭在历史的烟尘中，有些则至今仍在地球生物中发挥着重要的作用。谁能想象得到，对人类至关重要的脊椎骨是从一条拇指大小的小鱼身上演化而来的呢？在动辄数十米长的史前动物面前，现在的大象和长颈鹿都显得渺小。在这套图文并茂的科普绘本中，小朋友们可以一睹形形色色的史前生物的真容，了解我们身上的重要生物结构是从何而来的。

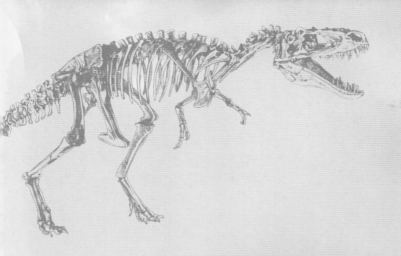

　　为了使小读者对脊椎动物的演化有一个更加整体、更加系统的认识，我们按照脊椎动物的分类和演化顺序，将这套绘本分成鱼类、两栖类、爬行类、鸟类、哺乳类5个分册，每个分册中介绍对应类别中最有代表性的十几种古动物——螺旋形牙齿的旋齿鲨、统治海洋的鱼龙、长脖子的马门溪龙、冰河时代的猛犸，都将出现在这套精美的绘本中。而在每册书的末尾，还加入了关于生物演化顺序和重点物种的知识图谱，以及可以和小伙伴一起玩上一局的"演化飞行棋"。我们希望整本书的内容既能让小读者们感到内容丰富，又觉得生动有趣。

　　我希望，这套书呈现给孩子们的，不仅有严谨的知识，还有精彩的故事、科学研究的艰辛与乐趣，以及科学家们的不凡魅力。如果这套书还可以唤起小读者们对生命的珍惜、对古生物学的兴趣，并点燃对科学探索的热情，未来能更多地投身到科学研究中，那么这套书的出版也就超额实现了我们的初衷。

　　如果你觉得书里讲的故事不清楚，或者不好玩，请告诉我们，我们将在以后进一步完善。

中国古动物馆馆长
中国科学院古脊椎动物与古人类研究所研究员

今天是难得的假期，但天气不太好，天灰蒙蒙的，还刮着呼呼的冷风。

但我们小达尔文科学探险队队员们的心情可一点也不受坏天气的影响，因为陶旦是霸王龙的头号粉丝，一大早就约好和表妹尹五朵、智多星俞果、王可儿去电影院看超级大片《侏罗纪公园》！

哦，当然，还有负责买票、买爆米花和饮料的"恐龙专家"馆长爸爸啦！

霸王龙咆哮的样子太恐怖了！

霸王龙出现的年代不是侏罗纪，而是白垩纪晚期哟！

不用怕！在我们生活的世界是永远不会遇到恐龙的！

事实上，霸王龙的爷爷的爷爷五彩冠龙早就在我国新疆五彩湾出现过。

馆长爸爸，我们中国出现过霸王龙吗？

恐龙名字的由来

1842 年，英国博物学家欧文正式命名了恐龙"Dinosauria"（英文为"Dinosaur"）。"Deinos"（希腊文）的意思是巨大的、恐怖的，"Saur"的意思是蜥蜴，"Dinosaur"被认为是"恐怖的蜥蜴"。中文的恐龙一词，源自日本的"恐竜"，是由著名翻译家章鸿钊翻译的。

我是大恐龙！

目前全世界发现的恐龙有1000 多种。截至 2019 年 12 月，中国已经发现并命名了 322 种恐龙，而且以每年 9—10 种的速度增长，是名副其实的发现恐龙种类最多的国家。

看完了惊险刺激的《侏罗纪公园》，大家都深深迷上了关于恐龙的电影，还惊讶地发现这些电影里似乎有不少不正确的地方。

尹五朵肯定地说："足足错了 4 个地方！"俞果却坚持道："不，有 10 个！"

"那么，明天下午大家一起去古动物馆吧！看看能不能找出更多的错误。"馆长爸爸慢悠悠地说。

更正一：

冥河龙身长约 3 米，身高 1 米，头顶骨骼厚度可达 5 厘米，有尖角，名字的意思是冥河的恶魔。冥河龙是肿头龙的一种，据说它经常为了争夺配偶与它的情敌"打斗"，互相撞击头部。但它们只是头部血管密集，**并没有坚硬到可以撞破墙壁。**

鱼龙、海龙、翼龙都不是恐龙呀！准确来说它们是恐龙的近亲。

哼！我才不管电影里有什么不对的呢！我要去古动物馆再看看我心爱的霸王龙！虽然，只有骨架……

更正二：

双嵴（jí）龙没有毒液可喷射。

更正三：

翼龙不是恐龙，它是恐龙的近亲，是飞向蓝天的爬行动物。翼龙用一根加长的"手指"支撑翼膜飞行。

更正四：

电影中的很多恐龙生活在白垩纪，叫《侏罗纪公园》可不准确。霸王龙就生活在白垩纪晚期。

小贴士：

伶盗龙奔跑速度很快，古生物学家通过化石脚印证明它们是群居的，被称为"白垩纪的狼群"。

这部电影中的大都是外国恐龙，中国恐龙中只有马门溪龙和中国角龙出现了。

什么？恐龙还有国籍？！

化石的形成

恐龙在河滩上死亡后，软体部分被食腐动物、昆虫吃掉并被细菌分解。

像骨骼和牙齿这些坚硬的部分会逐渐被层层泥沙掩埋。

经过数百万年，泥沙被压实硬化，变成岩石，其中的恐龙骨骼也就随之变成了化石。

历经沧桑后地壳抬升，化石露出地表，最终被人类发现。

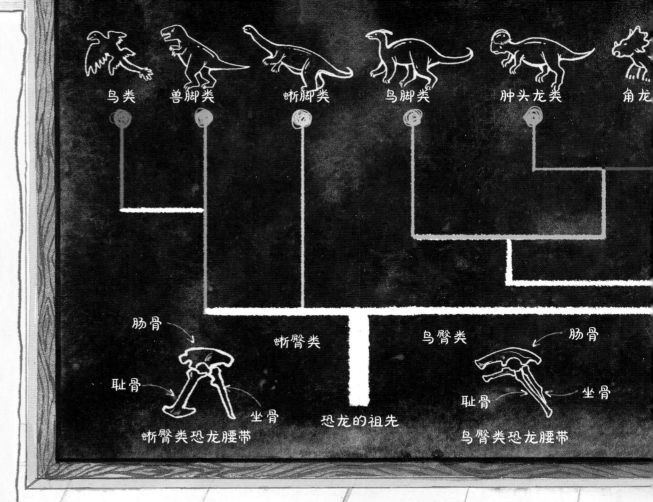

鸟类　兽脚类　蜥脚类　鸟脚类　肿头龙类　角龙

蜥臀类　　　　鸟臀类

肠骨　耻骨　坐骨

蜥臀类恐龙腰带

恐龙的祖先

肠骨　坐骨　耻骨

鸟臀类恐龙腰带

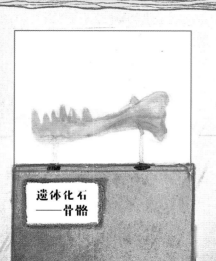

遗体化石
——骨骼

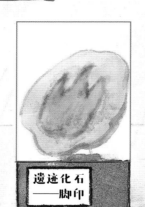

遗迹化石
——脚印

遗迹化石
——恐龙蛋

遗体化石
——牙齿

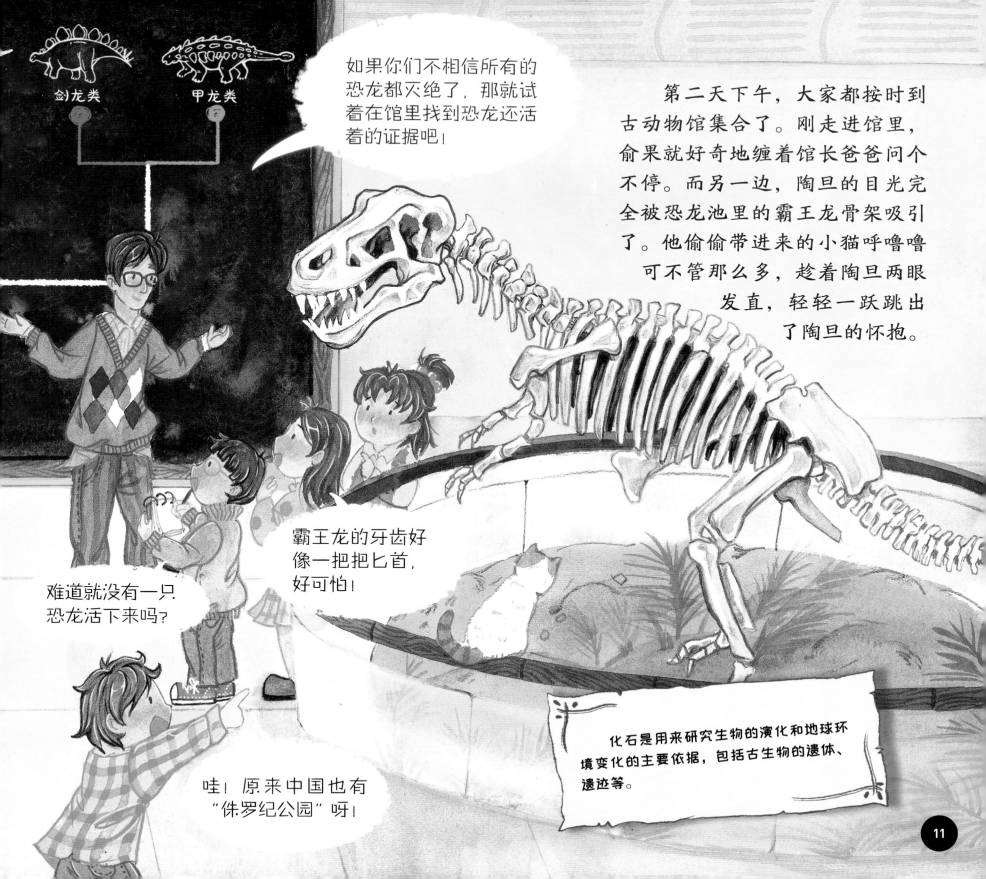

剑龙类　甲龙类

如果你们不相信所有的恐龙都灭绝了，那就试着在馆里找到恐龙还活着的证据吧！

第二天下午，大家都按时到古动物馆集合了。刚走进馆里，俞果就好奇地缠着馆长爸爸问个不停。而另一边，陶旦的目光完全被恐龙池里的霸王龙骨架吸引了。他偷偷带进来的小猫呼噜噜可不管那么多，趁着陶旦两眼发直，轻轻一跃跳出了陶旦的怀抱。

难道就没有一只恐龙活下来吗？

霸王龙的牙齿好像一把把匕首，好可怕！

哇！原来中国也有"侏罗纪公园"呀！

化石是用来研究生物的演化和地球环境变化的主要依据，包括古生物的遗体、遗迹等。

11

咦？

喵呜……

呼噜噜要是撞坏了化石就糟了！

呼噜噜肯定是被恐龙迷住了。

快看！恐〔龙〕池变形了

　　大家听了馆长爸爸的话，都忙着在馆里寻找恐龙演化的相关线索。

　　一转眼就到了下午四点半，闭馆的广播响了起来，观众三三两两地离开了展馆。馆长爸爸在门口四处张望，四个孩子没有一个按时回来集合。

　　就在这时，俞果满头大汗地跑来，他急急忙忙地拉着馆长爸爸的手就往大厅赶："糟了，呼噜噜跳进恐龙池了！"陶旦、五朵、王可儿此刻都紧张地围在恐龙池边，大声叫着呼噜噜的名字。

大家都伸长了胳膊，想要捞起恐龙池里的呼噜噜，这时不可思议的事情发生了。刹（chà）那间，古动物馆的灯光忽明忽暗，大家在池边探着的身体好像被一股巨大的吸力吸了进去，天哪！大家一头栽进了一个闪着五彩光晕的时空旋涡里！耳边除了呼呼的风声，就是大家的尖叫声。

啊！

这是要去哪里啊！

啊！

快要抓住呼噜噜了！

大家一个接着一个落在了地上，身边竟然是一副巨大的恐龙骨架！

馆长爸爸扶了扶眼镜，环顾四周，大声说道："大家都还好吗？不要怕！我看看……这里是……啊！杨锺健先生！"

"我申请的帮手这么快就派来了？来得正好，和我一起来复原这副恐龙骨架吧！"杨锺健先生发出了邀请，每个人都激动极了。

我们看到的是"中国第一龙"——许氏禄丰龙的化石，这可是第一具由中国人自己发现、发掘、研究、装架的恐龙骨架。

地质锤 刷子

锤子

许耐

1941年，杨锺健根据在云南禄丰发现的化石命名了一种新的恐龙——许氏禄丰龙。

之所以命名为"许氏"，是因为杨锺健先生希望向他在德国求学时遇到的一位老师——古生物学家许耐先生致敬。

17

在杨锺健先生的安排下，馆长爸爸和小达尔文科学探险队队员换上野外作业服，开始拼装恐龙骨架。

挖掘化石是认识恐龙化石的第一步，接着需要把挖掘出来的化石送到实验室修复，然后古生物学家会把编好号码的化石重新拼装成一副骨架。大家都非常期待恐龙化石装架完的样子，连呼噜噜都目不转睛地盯着杨锺健先生。

中生代被称为"恐龙时代"，包括三叠纪、侏罗纪和白垩纪。目前世界上发现的恐龙中，最早出现在三叠纪中晚期。

呼噜噜，这可不是小鱼干哟！

喵！

我捏的是它的鼻孔吗?

许氏禄丰龙生活在中生代的哪个时期呢?

杨锺健先生当时认为禄丰龙生活在三叠纪。随着更多化石的发现，现在古生物学家认为禄丰龙生活在侏罗纪早期。

约 6600 万年前

白垩纪

约 1.45 亿年前

侏罗纪

约 2.01 亿年前

三叠纪

约 2.52 亿年前

白垩颗粒均匀细小，常被用作制造粉笔的原料。白垩纪因欧洲西部这个年代的地层主要为白垩沉积而得名。

名称取自侏罗山，是法国古生物学家布朗尼亚尔在 1829 年提出的。整个侏罗纪时期，环境基本上是温暖和潮湿的，有繁茂的森林植被。

三叠纪的名称是德国地质学家弗里德里希在 1834 年提出的。这一时期的地层最初在德国划分为上、中、下 3 个部分，看起来很像三明治。

许氏禄丰龙小档案

★ 许氏禄丰龙体长约6米，头骨较小，尾巴健壮。

★ 许氏禄丰龙是1958年世界首枚恐龙邮票的主角。

★ 许氏禄丰龙有着小叶状的牙齿，前后边缘有微小的锯齿。牙齿排列短而密集，是典型的植食性动物齿列。

就在陶旦放上最后一块化石的瞬间，时空旋涡突然出现在我们面前，眼前的化石变成了活生生的恐龙！身边的环境仿佛被按下了"快退键"，到处都是繁茂的植物。

"这是许氏禄丰龙！"馆长爸爸激动地说。

天哪，还好我们遇到的恐龙不吃肉！

20

忽然听见一声巨响，远处有几只恐龙朝着许氏禄丰龙跑了过来。它们长着匕首般尖锐的牙齿，看它们张着大嘴咆哮而来的样子，肯定是肉食性恐龙无疑了，馆长爸爸认出它们就是凶残的三叠中国龙！

一时间大家乱了阵脚，赶紧寻找可以藏身的地方。还是呼噜噜机灵，它犹如一道白光"咻"地往旁边密林跑了过去。

三叠中国龙小档案

三叠中国龙身长约 5 米，最具特色的就是头上成对的头冠。它们的化石发现于云南禄丰，杨锺健当时认为它们生活的时代在三叠纪，所以命名为三叠中国龙。现在科学家认为它们生活在侏罗纪早期。要确定化石的年代还真不容易！

糟糕！是三叠中国龙！快躲起来！

喵！

可怜的禄丰龙，就要成为它们的盘中餐了。

大家快跟我来，躲到树后面去。

慌乱中大家找到了一棵大树，它的树根格外粗壮，在地表的树根支脉就像一个青筋暴露的大爪子，牢牢抓住地面。大家正打算爬树，可一旁的五朵吓得直发抖，腿一软，一屁股坐在了树根旁。馆长爸爸一看，五朵脚边粗粗的树根交叉错落，有几条正好组成了一个深深的沟壑（hè），赶紧让大家放弃爬树，直接躲了进去。

恐龙的牙齿为终生生长的同型齿，即所有牙齿的大小和形态都相似。

哺乳动物的牙齿分为门齿、犬齿和臼齿，被称为异型齿。

人类的牙齿有两套，小时候是无根的乳齿，后来被恒齿替代，当恒齿脱落后就不会再长出新的牙齿了。而恐龙的牙齿会一直进行新旧更替。

许氏禄丰龙逃走了，这回倒霉的可能是我们了！

被这么尖利的牙齿咬到一定痛死了！

呼噜噜，千万不要出声，否则我们的小命就保不住啦！

啊！它的口水已经滴到我的头上了！

这只三叠中国龙在大家附近徘徊了几分钟，大家大气都不敢出，心脏扑通扑通地都快跳出来了！好不容易三叠中国龙离开了，但危险警报并没有解除，还没等大家起身，从另一个方向又出现了一只奇怪的恐龙。定睛一看，这只恐龙的爪子竟然像镰刀一样，吓得呼噜噜的毛都竖起来了。

出口峨山龙小档案

★ 出口峨山龙可能是世界上最古老的镰刀龙类。

★ 镰刀龙是一类十分奇特的恐龙，它有锋利的爪子，但却是植食性恐龙。

★ 目前，古生物学家只发现了出口峨山龙的下颌骨化石。

出口峨山龙

不用怕！它牙齿的形状好像叶子！它一定是植食性恐龙！

你可真是个牙齿观察专家！

大家不用紧张。它的爪子看起来非常锋利，其实它是植食性恐龙，大爪子是抓取、切割带叶的树枝用的。

25

忽然，大地开始晃动，馆长爸爸大喊："地震了，小心！"

"时空旋涡，时空旋涡，时空旋涡！"每个人都希望时空旋涡快点出现。

脚下的土地开始出现裂缝，大家全部掉进了裂缝里，所有人的心里都冒出了三个大字——死定了。就在这时，熟悉的五彩光晕又出现了！难道可以回家了？还是又要掉到其他更可怕的地方去？

馆长爸爸小课堂　　泛大陆　　　　　　　现在的大陆

亚洲的禄丰龙和欧洲的板龙体型相似、食性相同，骨骼结构也非常相近，很多小朋友都好奇，为什么距离那么远的两种恐龙会如此相似呢？

德国地球物理学家和气象学家魏格纳在1912年提出"大陆漂移"假说，认为地球上所有大陆曾经都属于一个统一的巨大陆块，称为"泛大陆"或"联合古陆"。也就是说，在侏罗纪时期，可能大陆还是一整块陆地，而且屏障较少，动物可以自由迁徙，所以禄丰龙和板龙相似也就不足为奇了。

我在亚洲！

禄丰龙

我在欧洲！

板龙

馆长爸爸，禄丰龙和板龙是兄弟吗？

光晕消失了，但身下的"地面"怎么……会移动？还在地震吗？大家一睁眼，蓝蓝的天空亮得像一块大镜子，大家正躺在一只大恐龙的身上呢！馆长爸爸告诉我们，这是一只成年的合川马门溪龙，光是脖子就足足有 10 米长。它友好地停下来让我们调整了姿势，又跟着它的家族成员一起向前走去。

对，蜀龙占四川自贡大山铺动物群所有恐龙数量的90%以上，它可是这里绝对的优势物种。

那些有尾锤的恐龙就是蜀龙吧？

合川马门溪龙

建设气龙

李氏蜀龙

建设气龙

因为在建设天然气管道的施工过程中发现，所以得名。它是一种小型肉食性恐龙，前肢短小，但后肢很强壮。它可能捕食幼年的蜀龙。

有趣的得名

马门溪龙的发现地其实叫"马鸣溪"，杨锺健先生是陕西人，因为口音问题，研究人员错误地听成了"马门溪"，故而得名。

可是，这安宁的气氛只维持了一会儿，河边一群建设气龙跑过来追赶李氏蜀龙，成群的李氏蜀龙被追得四处逃散。那些幼年的小蜀龙就没有那么幸运了，被建设气龙一口咬住，这简直太残忍了！

太白华阳龙

李氏蜀龙

这个名字来自在四川修建都江堰的古代水利专家李冰。李氏蜀龙尾部有一个锤状的骨质膨大物，可能用于抵御敌人进攻。它的颈部比较短，只能吃低处的树叶。

李冰

太白华阳龙

太白华阳龙的种名是为了纪念唐代浪漫主义诗人李白（字"太白"）而取的。华阳龙是世界上生存时代最早、体型最小、化石保存最完整的剑龙。它的体长仅有4.5米左右，背上有2列又细又尖的骨板，尾部有2对棘刺。当遇到危险的时候，棘刺可以作为防御武器。

李白

29

　　身后的李氏蜀龙越来越远，正前方又来了另一群尖牙利爪的恐龙，馆长爸爸大叫："这是永川龙！大家快抱紧马门溪龙的脖子！"看到永川龙越来越近，大家的心都跳到了嗓子眼，生怕一不小心掉进这群"杀手"的嘴里。

　　"时空旋涡在哪儿？我要回家！"陶旦吓得哇哇大叫。

　　"抓稳了！别担心，你看这些永川龙并不敢贸然行动。"馆长爸爸安慰道。

上游永川龙

最早的顶级掠食者

　　上游永川龙是侏罗纪大型肉食性恐龙，仅头长就超过1米，是中国最早的体长超过10米的肉食性恐龙。它可能以幼年马门溪龙等植食性恐龙为食。

看到这几只永川龙眼巴巴地流着口水，大家都为马门溪龙骄傲起来，原来肉食性恐龙也有"打不过"植食性恐龙的时候！

那是马门溪龙胃里树叶发酵的声音。

为什么我总是能听到咕噜咕噜的声音？

我想它可能需要一副眼镜，它把石头都吞进去了。

奇怪，马门溪龙都不咀嚼食物的吗？

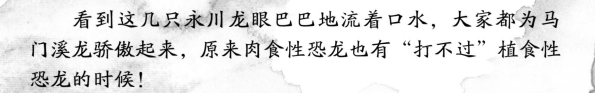

世界上脖子最长的恐龙

马门溪龙是世界上脖子最长的恐龙。合川马门溪龙体长22米，脖子就占了9米多。它们也是颈椎数目最多的恐龙，有多达19枚颈椎。马门溪龙不愧是古动物馆的镇馆之宝！

马门溪龙是名副其实的"吃货"，它勺状的牙齿不适合咀嚼食物，所以它要吞下石头帮助消化，科学家把这些石头叫作"胃石"。当胃蠕动时，这些石头会帮助研磨食物，再加上胃液的作用，进一步分解食物以便于吸收营养。

也许马门溪龙嫌大家太吵了，将大家向空中一甩，五彩缤纷的时空旋涡又出现了，大家不再害怕，反而更加期待即将见到的恐龙。

"这只有喙（huì）的恐龙是泥潭龙，那只头部有冠的恐龙应该就是五彩冠龙！那么这里就是新疆的准噶（gá）尔盆地！"馆长爸爸头头是道地分析着。让大家感到惊奇的是，这里的恐龙都披着美丽的"羽衣"。

难逃泥潭龙

为什么泥潭龙宝宝有牙齿，妈妈却没有牙齿？

原来中国恐龙的种类有这么多呢！

泥潭龙是角鼻龙类恐龙。角鼻龙类一般是凶猛的肉食性恐龙，泥潭龙算是其中的"另类"。

因为泥潭龙体内控制牙齿的基因会在成年时停止发挥作用，幼年时长有牙齿的颌部随着年龄增长变成了喙，食性也从肉食转变为植食为主。

宁城树栖龙

长臂浑元龙

长臂浑元龙同样用翼膜飞行，它是杂食性恐龙。

树栖龙体型娇小，可以在树木之间飞行，通常捕捉昆虫为食。

赫氏近鸟龙

胡氏耀龙

飞行竞赛

蝙蝠依靠皮膜飞行，与翼龙不同的是，皮膜由4根长而弯曲的手指支撑。

鸟类依靠翅膀飞行，翅膀上布满羽毛，两翅不断上下扇动，翅膀上下就会产生压力差，使鸟类飞起来。

翼龙依靠翼膜飞行，和蝙蝠不同的是，它主要用一根长长的手指支撑翼膜。这种翅膀省力又好操控，甚至能让翼展超过10米的大型翼龙翱翔天际。

这里有号称恐龙界"蝙蝠侠"的奇翼龙，有长着4个翅膀的近鸟龙，还有长着带状尾羽的胡氏耀龙……"恐龙也可以这么小巧，这么美丽啊！"可儿赞叹道。

馆长爸爸小课堂

我们之前看到的恐龙复原图大多是画家想象出来的。其实，生物的颜色一般是由色素体决定的，在中国恐龙的羽毛中就找到了色素体的痕迹。古生物学家通过赫氏近鸟龙的羽毛化石成功复原了它的体表颜色：翅膀的颜色是黑白相间的，头上还有红褐色的冠。所以我们相信，恐龙是色彩斑斓的动物。

长有羽毛的恐龙，可不一定会飞行哟！比如胡氏耀龙的羽毛还没有形成鸟类飞羽的构造，所以它们并不具备飞行能力。

恐龙有可能是色彩斑斓的吗？

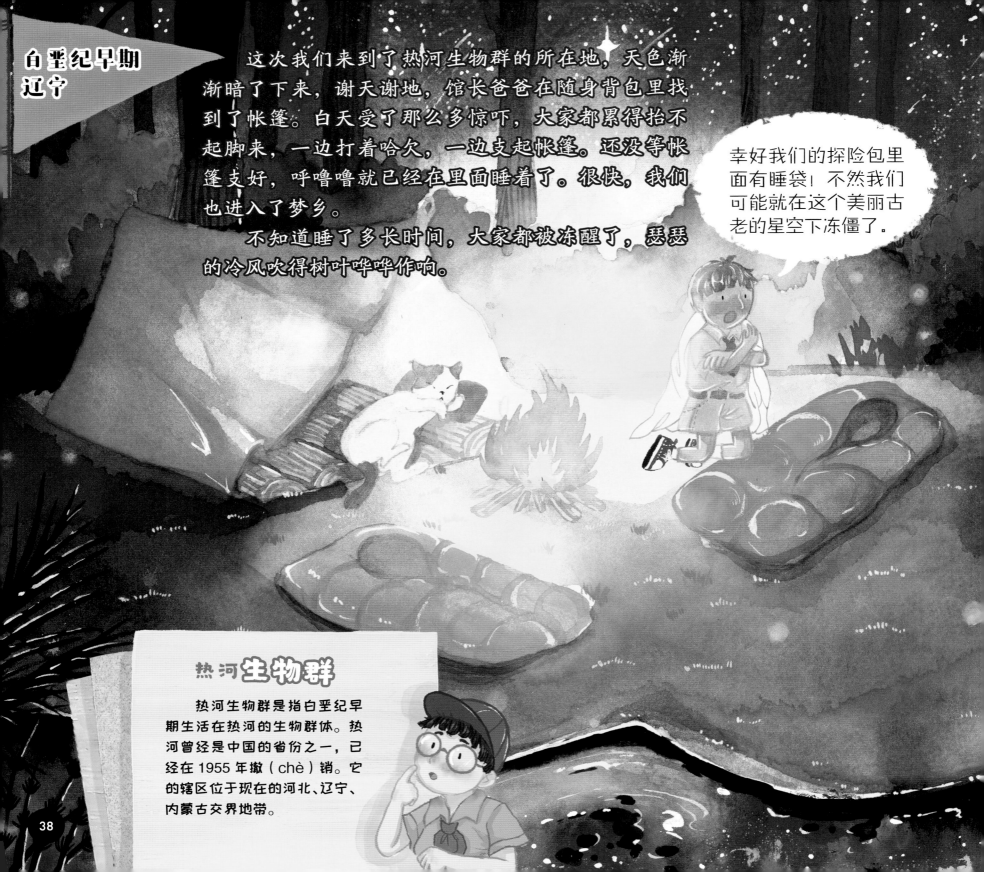

这次我们来到了热河生物群的所在地，天色渐渐暗了下来，谢天谢地，馆长爸爸在随身背包里找到了帐篷。白天受了那么多惊吓，大家都累得抬不起脚来，一边打着哈欠，一边支起帐篷。还没等帐篷支好，呼噜噜就已经在里面睡着了。很快，我们也进入了梦乡。

不知道睡了多长时间，大家都被冻醒了，瑟瑟的冷风吹得树叶哗哗作响。

幸好我们的探险包里面有睡袋！不然我们可能就在这个美丽古老的星空下冻僵了。

热河**生物群**

热河生物群是指白垩纪早期生活在热河的生物群体。热河曾经是中国的省份之一，已经在 1955 年撤（chè）销。它的辖区位于现在的河北、辽宁、内蒙古交界地带。

小达尔文科学探险队队员们打开手电筒，缓缓向林中走去，开始了一场黑夜探险！

馆长爸爸突然停下脚步，用手示意大家看前面，哇！原来是一只只有鸭子般大小的恐龙，它睡得正香。馆长爸爸告诉大家，这是寐龙，别看它体型很小，它可是肉食性恐龙。

这种姿势可以起到保温的作用。

它为什么要把脸藏起来呢？

嘘，不要搅了寐龙的好梦！

注：寐龙大小与鸭子相似

因睡姿得名的恐龙

"寐"有睡梦、睡着的意思，寐龙就是指睡觉的恐龙。寐龙的化石被发现时后肢蜷缩在身下，面部伏在一只前肢之后，这种姿势可能是为了减少身体热量的散失，这说明它很可能已经在朝着现代鸟类的温血机制方向演化。

馆长爸爸大喊："是羽王龙！糟糕！它好像看到我们了，快跑！"

就在大家跑得上气不接下气时，时空旋涡又一次救了大家。

华丽羽王龙

顾氏小盗龙

热河生物群
代表性生物

戴氏狼鳍（qí）鱼

三尾类蜉（fú）
蝣（yóu）

东方叶肢介

恐龙中的
"双翼飞机"

小盗龙是已知最小的恐龙之一。小盗龙的四肢与尾巴都有飞羽，可以在树林间自由滑翔，很像人类在100多年前制造的双翼飞机。

41

震惊世界的恐龙羽毛

相对细长且刚硬的单根细丝——鹦鹉嘴龙

单根细丝，但比第一种更宽——北票龙

基部相连的多丝状复合体——中华龙鸟

中央细丝，顶端呈辐射状的短羽枝——中国鸟龙

膜状边缘长有多根平行的细丝——胡氏耀龙

宽扁的近端呈无羽枝的杆状，而远端则为羽状的结构体——尾羽龙

完全羽状羽毛，由明显的羽轴和完好的羽平面构成——近鸟龙

羽平面不对称且羽轴弯曲——小盗龙

顾氏小盗龙

原始中华龙鸟

意外北票龙

千禧中国鸟龙

难得没有吓人的肉食性恐龙，大家都想听听关于恐龙的故事。馆长爸爸拿出随身携带的恐龙手册，大家就地坐了下来。

馆长爸爸说道："那就讲一个窃蛋龙的故事吧。20世纪20年代，美国古生物学家在蒙古发现了一堆恐龙蛋化石，这些化石被认为是原角龙的蛋化石。但在这堆化石旁边还发现了另一种恐龙的骨骼化石，因此古生物学家就猜测它是来偷原角龙的蛋的，所以将其命名为窃蛋龙。"

生物命名有优先性，一旦命名了就不能更改，所以窃蛋龙的名字只好这样保留下来。

既然错怪它了，为什么不给它起个新名字？

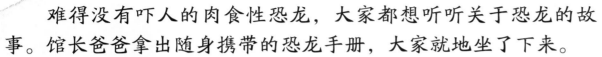

嗜（shì）好角龙窃蛋龙

太好了！我们又找到一个鸟类是从恐龙演化来的动物行为学证据。

我只知道鸟类有孵（fū）蛋的习性，原来窃蛋龙也有这样的习性。

44

"可70年后，在蒙古再次发现了和窃蛋龙埋藏在一起的恐龙蛋化石，但这一次在里面却发现了窃蛋龙的胚胎！这说明窃蛋龙不是在偷别的恐龙的蛋，而是在孵化自己的蛋，所以就一下从偷蛋贼变成了慈爱的母亲，不过也可能像我一样，是个慈爱的父亲。"

"游龙归来"的故事

这件标本是20世纪50—60年代"中苏古生物学考察队"在内蒙古发现的。1962年，苏联科学家把它借回去进行研究，并答应研究后归还。可是后来中苏关系恶化了，这件标本就滞留在苏联没有还回来。到1996年的时候，日本的冈田信幸先生在化石市场偶然发现了这件标本并买了下来。2011年，他把这件标本捐赠给了中国科学院古脊椎动物与古人类研究所，至此，"流亡"海外半个世纪的原巴克龙下颌骨终于完璧归赵。这就是"游龙归来"的故事。

戈壁原巴克龙

正当大家听得入神时，呼噜噜发现时空旋涡又出现了，这次我们看到水边有很多巨大的鸭嘴龙和其他恐龙。俞果突然大叫："这不是古动物馆的棘（jí）鼻青岛龙吗？"果然，它头顶直立的骨棒让我们一眼就认出了它。

"真想和我们古动物馆的迎宾大使合个影呀！"馆长爸爸小声嘀咕。

棘鼻青岛龙好像听到了这句话，发出了短促的叫声。它的叫声非常悦耳，不像霸王龙的咆哮声那样让人毛骨悚然。

"馆长爸爸，它好像答应你了！"五朵哈哈大笑起来。

巨型诸城暴龙

诸城中国角龙

角龙类过去只在北美地区发现过，但在山东诸城发现了中国角龙，所以科学家给它起了个"国"字头的名字，可以看出它的发现有多重要！

这不是《侏罗纪公园》里出现的角龙吗？

诸城暴龙是中国的霸王龙，终于见到霸王龙了！

正当大家以为还会见到更多恐龙时，王可儿先发现了不对劲：动物们都慌张地四处乱窜，远处一团团大火球正向着这里飞来。

俞果大声说："我在书里看到过，一个巨大陨（yǔn）石撞击了地球，引起海啸、地震、火山爆发，还产生了铺天盖地的灰尘。火山灰充斥大气层，挡住了阳光，之后好几个月甚至好几年，地球都见不到阳光，气温急速下降，大部分恐龙在这个时候灭绝了，恐龙的时代就此结束了！"

"孩子们，我们必须赶快离开这里！"馆长爸爸焦急地喊道。话音刚落，大家就被吸到时空旋涡里面了。

撞击假说：

在墨西哥湾曾发现一个直径约 180 千米的陨石坑，推测约 6600 万年前有一个直径约 10 千米的陨石撞击了地球。

火山爆发假说：

印度的德干地区火山喷发，灰尘遮住阳光，导致植物死亡，植食性恐龙因没有食物而死亡。

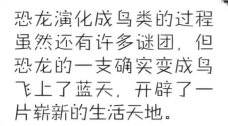

恐龙演化成鸟类的过程虽然还有许多谜团，但恐龙的一支确实变成鸟飞上了蓝天，开辟了一片崭新的生活天地。

恐龙的后代还活着！

等大家回过神来，所有人已经回到古动物馆了。大家看着马门溪龙化石一片沉默，仿佛还能想起它与永川龙对峙时威风凛凛的模样。五朵最先掉下了眼泪："它帮助了我们，可惜我们没办法帮助它逃离那场可怕的灾难！"

身材变小

兽脚类恐龙当中的一支体型一代一代地缩小。2.1亿年前其平均体重约为163千克，当演化到始祖鸟时已经降至约0.8千克。

羽毛的形态

小盗龙、近鸟龙前肢和后肢上都长着飞羽，排列方式类似鸟类的飞羽。小盗龙和近鸟龙都有4个翅膀，而且能够飞行，这说明恐龙在成功演化成鸟类之前还经历过用4个翅膀飞行的阶段。

恐龙经过"瘦身"终于演化成了鸟类，太不容易了！

这说明翅膀的雏形至少在1.6亿年前就在恐龙身上出现了。

一场惊心动魄的穿越之旅暂时画上了句点。"馆长爸爸，谢谢您带我们平安回来。"一个星期后，小达尔文科学探险队的队员们把馆长爸爸带到一面黑板前，上面是一期有趣的科学报告，题目写着：恐龙的后代还活着！

睡觉的姿势

寐龙化石显示，恐龙和鸟类一样，睡觉时会把头部藏于前肢（翅膀）下面保持温度。

能够飞翔或者滑翔

恐龙在挑战天空的过程中有过多种创新性尝试，有些恐龙借助翼膜飞行，还有些恐龙用羽毛飞行。在飞行演化的历史中出现过树栖的恐龙，它们在树木之间跳跃、降落，渐渐具备滑翔能力，最终能够主动飞行。

骨骼的变化

恐龙在演化过程中变得骨骼中空，身体轻盈，脑颅膨大，行动敏捷，前肢变长，可以像鸟翼一样拍打。在它们的生长过程中有明显的快速生长阶段，而且生长速度明显快于大多数爬行动物。这种快速生长方式一般见于恒温动物。

通过这次探险，我发现恐龙骨骼和鸟类骨骼有很多相似的地方。

恐龙没有灭绝，我们找到了它们变成鸟飞上蓝天的证据！

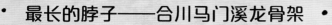
· 最长的脖子——合川马门溪龙骨架 ·

生活时代：侏罗纪晚期

食性：植食

体型：体长约 22 米

化石产地：重庆合川

凶猛程度：★★

长长的脖子，有 19 枚颈椎。脖子虽然很长，但并不灵活

小小的脑袋，大脑的重量可能不足 500 克

马门溪龙下颌骨化石

粗壮的四肢

温馨提示：

在中国古动物馆一层的"恐龙展池"里面可以看到哟！

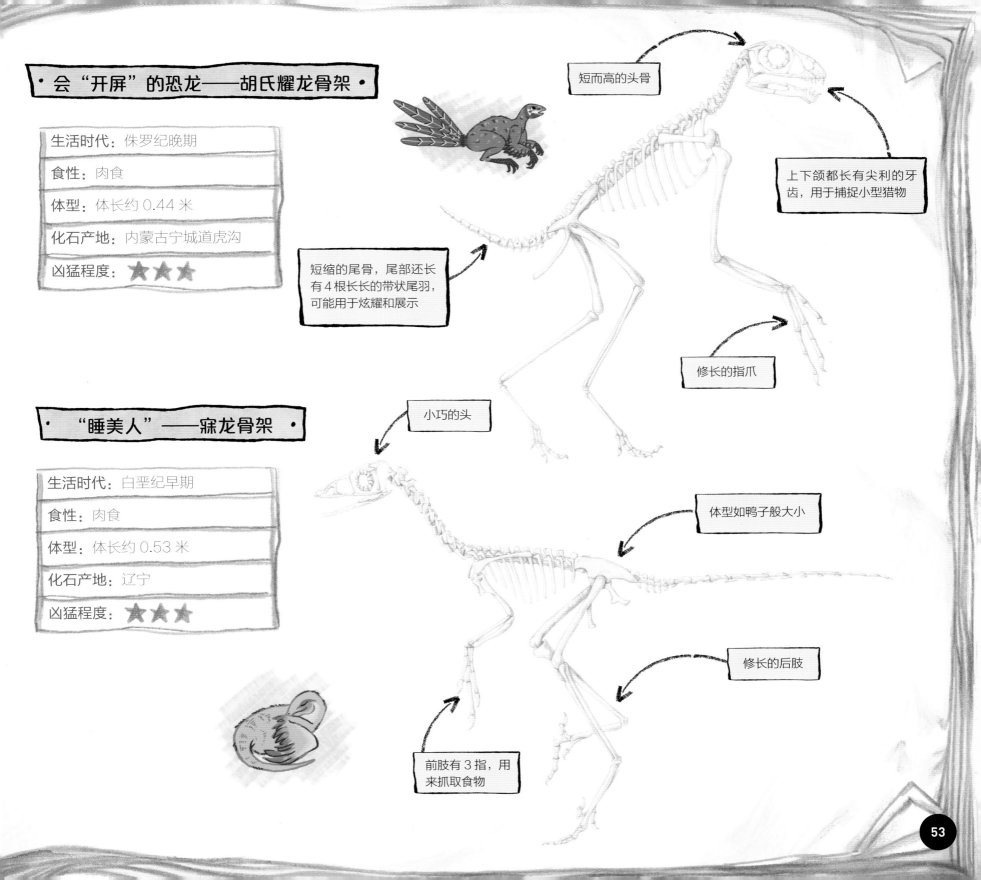

· 会 "开屏" 的恐龙——胡氏耀龙骨架 ·

生活时代：侏罗纪晚期

食性：肉食

体型：体长约 0.44 米

化石产地：内蒙古宁城道虎沟

凶猛程度：★ ★ ★

短而高的头骨

上下颌都长有尖利的牙齿，用于捕捉小型猎物

短缩的尾骨，尾部还长有 4 根长长的带状尾羽，可能用于炫耀和展示

修长的指爪

· "睡美人" ——寐龙骨架 ·

生活时代：白垩纪早期

食性：肉食

体型：体长约 0.53 米

化石产地：辽宁

凶猛程度：★ ★ ★

小巧的头

体型如鸭子般大小

修长的后肢

前肢有 3 指，用来抓取食物

· 与鸟类亲缘关系最近的恐龙——赫氏近鸟龙骨架 ·

嘴里有尖利的牙齿

体型娇小，只有乌鸦般大小，是世界已知最小的恐龙之一

体表长着羽毛，羽毛短而对称，飞行能力较差

尾巴细长僵硬

生活时代：	侏罗纪晚期
食性：	肉食
体型：	体长约 0.34 米
化石产地：	辽宁
凶猛程度：	★ ★ ★

温馨提示：

在中国古动物馆二层的展柜中可以看到戈壁原巴克龙的复原模型哟！

· 游龙归来——戈壁原巴克龙骨架 ·

牙齿数量非常多，内侧牙齿会替换最外侧磨损牙齿

前爪上有一个刺突状拇指骨

前肢和前爪修长，大部分时间用四足行走

生活时代：	白垩纪早期
食性：	植食
体型：	体长约 5.5 米
化石产地：	内蒙古阿拉善左旗
凶猛程度：	★ ★

戈壁原巴克龙下颌骨化石

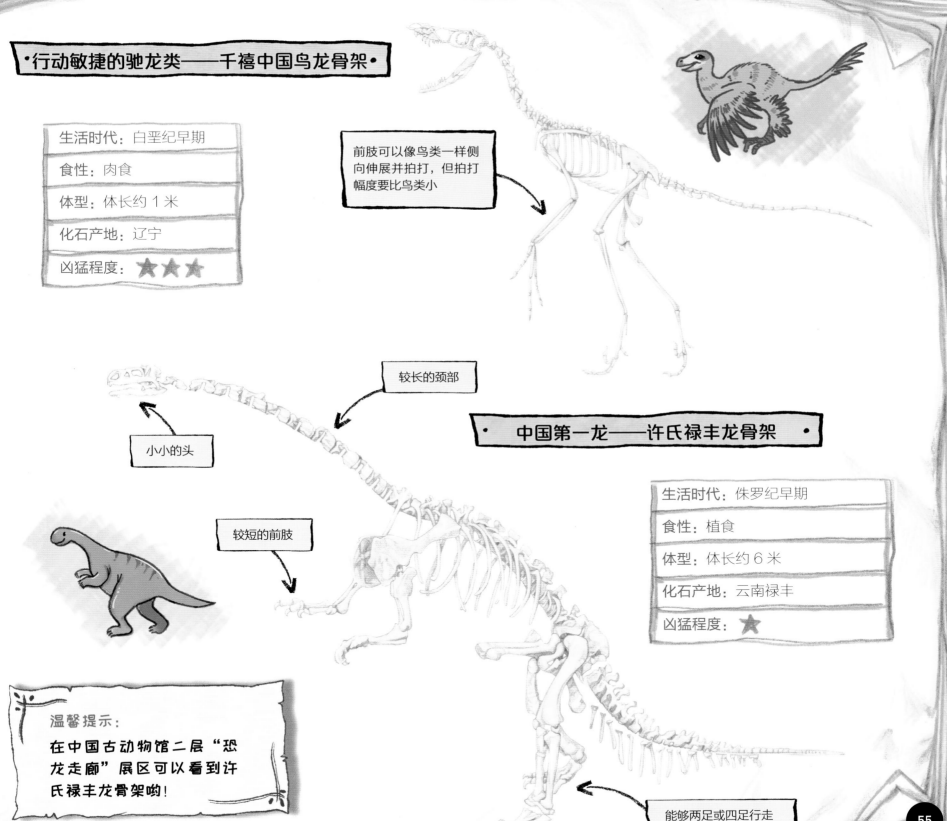

·行动敏捷的驰龙类——千禧中国鸟龙骨架·

生活时代：白垩纪早期

食性：肉食

体型：体长约 1 米

化石产地：辽宁

凶猛程度：★★★

前肢可以像鸟类一样侧向伸展并拍打，但拍打幅度要比鸟类小

较长的颈部

小小的头

中国第一龙——许氏禄丰龙骨架

较短的前肢

生活时代：侏罗纪早期

食性：植食

体型：体长约 6 米

化石产地：云南禄丰

凶猛程度：★

温馨提示：

在中国古动物馆二层"恐龙走廊"展区可以看到许氏禄丰龙骨架哟！

能够两足或四足行走

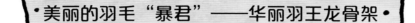

·美丽的羽毛"暴君"——华丽羽王龙骨架·

华丽羽王龙是中国已知最大的带羽毛的暴龙。

吻部较钝，呈半圆形，上方有中央骨质脊冠

前肢有3指

生活时代：白垩纪早期
食性：肉食
体型：体长约9米
化石产地：辽宁朝阳
凶猛程度：★★★★★

·"小暴君"——五彩冠龙骨架·

头冠薄而脆弱，内部有很多气室，可能用于展示地位或吸引异性

中国已知最原始的暴龙类，比凶猛的霸王龙早了将近1亿年。

后腿强壮有力

锋利的长牙

生活时代：侏罗纪晚期
食性：肉食
体型：体长约3米
化石产地：新疆五彩湾
凶猛程度：★★★★

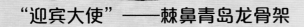

"迎宾大使" ——棘鼻青岛龙骨架

生活时代：白垩纪晚期

食性：植食

体型：体长约 7 米

化石产地：山东莱阳

凶猛程度：★

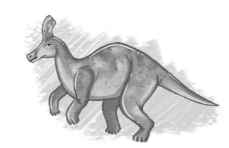

棒状头冠可以辅助发声

嘴里有很多的牙齿，最多可达 1000 多颗

温馨提示：
在中国古动物馆一层的恐龙展池里面可以看到它哟！

双足行走，后肢发达，但不善奔跑，有 3 个脚趾

· 剑龙之祖——太白华阳龙骨架 ·

背部有 2 列比较尖的骨板，可能起到炫耀、装饰、防御的作用

尾部有 2 对较短的骨质棘刺，用于防御

生活时代：侏罗纪中期

食性：植食

体型：体长约 4.5 米

化石产地：四川自贡

凶猛程度：★ ★

太白华阳龙是世界已知最小的剑龙之一。

太白华阳龙头骨化石

· 中国最会飞的恐龙——顾氏小盗龙骨架 ·

体型如鸽子般大小，是世界已知最小的非鸟恐龙之一

生活时代：白垩纪早期

食性：肉食

体型：体长约 0.45—1.2 米

化石产地：辽宁

凶猛程度：

四肢都有羽毛，能够做滑翔式的飞行，被称为"四翼恐龙"

后肢上的长羽毛可能会妨碍它在地面上活动

世界已知的最小的恐龙之一。

· 侏罗纪最强 "暴君" ——上游永川龙骨架 ·

尾巴很长，几乎占据了身长的一半

头大却不笨重，牙齿尖锐，能轻松地把骨头咬碎

又弯又尖的利爪可以牢牢地抓住猎物

生活时代：侏罗纪中期

食性：肉食

体型：体长约 10 米

化石产地：重庆永川

凶猛程度：★★★★

后肢修长强壮，长有 3 趾，善于奔跑

· 霸气十足的捕猎者——建设气龙骨架 ·

生活时代：侏罗纪中期

食性：肉食

体型：体长约 3.5 米

化石产地：四川自贡

凶猛程度：★★★★

前肢短小灵活，指端有利爪

后肢强壮，两足行走

恐龙王国飞行棋

起点

游戏规则：

猜拳或掷骰子，根据猜拳的输赢或掷出的点数，前进相应的步数。走到哪一步，则要说出对应生物的名称，回答不出则后退一步。率先走到终点的玩家获胜！

答案：

1. 巧龙巨棘龙
2. 三霞中国龙
3. 宁城树翼龙
4. 蜀萌奔龙
5. 古川马门溪龙
6. 阔齿心恐龙
7. 华丽羽王龙
8. 长羽盗龙
9. 义县似金翅龙
10. 中国鹦鹉嘴龙
11. 中华丽羽龙
12. 周防中华龙鸟
13. 劳赛龙
14. 擅走角爪龙
15. 五彩冠龙
16. 朗氏糙龙
17. 巨盗龙始祖鸟
18. 士臻中国鸟龙
19. 上海实川龙
20. 璀璨弧菌龙
21. 寞外北票龙
22. 建设气龙
23. 捕物中国鸟龙
24. 永口鳄山龙
25. 惧龙阿根廷龙
26. 重庆云阳龙
27. 镰刀龙
28. 长臂浑元龙